Problemas matemáticos
de hermanos

Sumas y restas de dos cifras

Título: PROBLEMAS MATEMÁTICOS DE HERMANOS. MÉTODO ABN. SUMAS Y RESTAS DE DOS CIFRAS

Autores/as:
MANUEL JESÚS CRESPO GARCÍA, NATALIA MITURICH, ANTONIO WANCEULEN MORENO, JOSÉ FRANCISCO WANCEULEN MORENO

Editorial: WANCEULEN EDITORIAL
Sello Editorial: WANCEULEN EDUCACIÓN

ISBN (Papel): 978-84-10017-94-8
ISBN (Ebook): 978-84-10017-95-5

Impresión bajo demanda.

WANCEULEN S.L.
www.wanceuleneditorial.com y www.wanceulen.com
info@wanceuleneditorial.com

Julia tenía ayer 45 suscriptores en su canal de YouTube. Hoy ha recibido 14 nuevos suscriptores. ¿Cuántos tendrá ahora con los nuevos suscriptores?

Datos:

Solución:

2 Manuel está en el nivel 27 de Fortnite y su amigo Alejandro en el nivel 39. ¿Cuántos niveles le faltan a Manuel para alcanzar el nivel en el que está su amigo Alejandro?

Datos:

Solución:

3 Manuel se ha comido 12 croquetas de jamón y Julia 7. ¿Cuántas croquetas ha tenido que hacer mamá para comer?

Datos:

Solución:

4 Julia jugó en el partido de balonmano 10 minutos en un cuarto y 15 minutos en otro. ¿Cuántos minutos ha jugado en total en el partido?

Datos:

Solución:

5 Julia se había leído hasta ayer 56 páginas de su nuevo libro de "The Crazy Haacks". Hoy se ha leído 23 páginas. ¿Cuántas páginas del libro se ha leído Julia?

Datos:

Solución:

6 Manuel quiere leerse un capítulo de su libro de "Los Compas". Hoy se ha leído 12 páginas y el capítulo tiene 35 páginas. ¿Cuántas páginas le faltan para acabar de leerse el capítulo?

Datos:

Solución:

7 Julia tenía ayer 15 seguidores en TikTok y hoy al encender el teléfono se ha encontrado que tiene 27 seguidores. ¿Cuántos seguidores ha subido en un día?

Datos:

Solución:

8 Hoy es día 12 y Manuel quiere invitar a su amigo alejandro dentro de 15 días a jugar en la piscina. ¿Qué día irá Alejandro a jugar en la piscina con Manuel?

Datos:

Solución:

9 En la clase de Julia hay 15 niñas y 12 niños. ¿Cuántos alumnos hay en su clase?

Datos:

Solución:

10 Hoy es día 12 de abril y el día 24 de abril papá va a llenar la piscina para que Manuel y Julia puedan jugar en ella. ¿Cuántos días faltan para que puedan jugar en la piscina?

Datos:

Solución:

11 Manuel tiene 25 puntos en el "frutómetro" de su clase y Alejandro 24 puntos. ¿Cuántos puntos tienen entre los dos?

Datos:

Solución:

12 Hoy han faltado 12 compañeros de la clase de Julia y en su clase hay 27 alumnos en total. ¿Cuántos alumnos han ido hoy a clase?

Datos:

Solución:

13 Una tableta de chocolate tiene 25 onzas. Si cuando mamá ha ido o comer chocolate quedaban 15 onzas. ¿Cuántas onzas se ha comido Manuel?

Datos:

Solución:

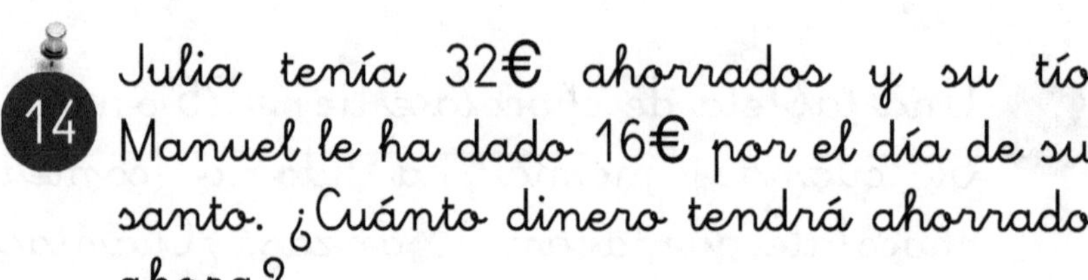

14 Julia tenía 32€ ahorrados y su tío Manuel le ha dado 16€ por el día de su santo. ¿Cuánto dinero tendrá ahorrado ahora?

Datos:

Solución:

15 El equipo alevín de balonmano en el que juega Julia va perdiendo por 4 goles y el otro equipo ha marcado 16 goles. ¿Cuántos goles ha hecho el equipo de Julia?

Datos:

Solución:

16 Julia y Manuel están viendo una serie en Netflix y llevan vistos 21 capítulos. La serie tiene 52 capítulos. ¿Cuántos capítulos les faltan para acabar de ver la serie?

Datos:

Solución:

17 Julia y Manuel se han gastado 42€ en la Feria y habían ahorrado 85€ entre los dos. ¿Cuánto dinero les quedará para poder ir otro día a montarse en los cacharritos de la Feria?

Datos:

Solución:

18 Manuel ha tardado 22 minutos en hacer los problemas de matemáticas y 24 minutos en leerse un texto y resumirlo. ¿Cuántos tiempo ha tardado en hacer los deberes?

Datos:

Solución:

19 Manuel ha cargado su pistola Nerf con 15 balas de gomaespuma y tiene 23 más para molestar a Julia. ¿Cuántas balas tiene para molestar a Julia?

Datos:

Solución:

20 Papá ha traído 45 monedas de chocolate para Julia y Manuel. Julia solo quiere 15 monedas de chocolate. ¿Cuántas monedas de chocolate podrá comerse Manuel?

Datos:

Solución:

21 Julia lleva 45 días de clase de mecanografía y le quedan 24 días más de clase. ¿Cuántos días dura el curso de mecanografía?

Datos:

Solución:

22 Julia quiere comprar en Amazon una camiseta que vale 15€ y unos rotuladores para hacer lettering que valen 24€. ¿Cuánto dinero necesita para hacer el pedido?

Datos:

Solución:

23 Manuel quiere comprar la nueva equipación de Colo Colo. La camiseta vale 36€ y las calzonas valen 21€. ¿Cuánto dinero tiene que sacar de la hucha para poder comprar la equipación completa?

Datos:

Solución:

24 Julia y Manuel están jugado a "Piedra, papel o tijeras". Julia ha ganado 12 veces y Manuel 15 veces. ¿Cuántas partidas han jugado en total?

Datos:

Solución:

25 Julia tiene un 23% de porcentaje de batería en su tablet y la va a poner a cargar hasta llegar al 85%. ¿Cuánto le falta para tenerla cargada al 85%?

Datos:

Solución:

www.ingramcontent.com/pod-product-compliance
Lightning Source LLC
LaVergne TN
LVHW010513160826
845677LV00012B/2837